U0150573

恐龙小Q

呀！五鼠闹
二十四节气

恐龙小 Q 少儿科普馆 主编

陈和伟 文　　弍丈 图

吉林美术出版社 | 全国百佳图书出版单位

神奇的二十四节气

我们都知道一年有 365（或 366）天，它们又被分为春、夏、秋、冬四季。

那你知道，四季变换的节点是哪天吗？春天从哪天开始，夏天在哪天结束；从哪日算起，秋天开始退场，可知何时，冬天已悄然来临？

善于观察的你，有没有发现，为什么每年清明前后，总会有几天阴雨绵绵？

珍惜时间的你，有没有算过，哪天白天的时间最长？哪天白天的时间最短？

喜欢美食的你，有没有想过，为什么老人们会说"冬至饺子夏至面"？

只要理解了下面这首歌谣，就能找到你想要的答案：

春雨惊春清谷天，

夏满芒夏暑相连。

秋处露秋寒霜降，

冬雪雪冬小大寒。

这首歌谣被叫作《二十四节气歌》，每句歌谣中都蕴含着六个节气，共有二十四个，分别是：

立春、雨水、惊蛰、春分、清明、谷雨，

立夏、小满、芒种、夏至、小暑、大暑。

立秋、处暑、白露、秋分、寒露、霜降，

立冬、小雪、大雪、冬至、小寒、大寒。

可不要因为这仅仅是首简单的歌谣，就小看了"二十四节气"。它是中国先民对自然规律观察和总结的结果，是劳动人民智慧的结晶；它蕴含着中国先民对天文、自然的独特认知，是中华民族传统文化的重要组成部分。

只要你留心观察就会发现，每当一个节气来临时，大自然中的植物、动物、景色就会产生变化，比如惊蛰过后，地下冬眠的小虫子们就会纷纷探出头；谷雨前后，下雨的天数就会越来越多。

千百年来，黄河流域的农民伯伯们都是根据"二十四节气"来进行农业生产的；古代帝王到了某些节气，还要祭祀天地；而医者们更是将节气的变化与我们的身体健康联系在一起，在不同的节气采用不同的生活和饮食方式，达到人与自然和谐共生的目的。如今，"二十四节气"已经被联合国教科文组织列为《人类非物质文化遗产代表作名录》。

这不，知道这个消息后，几只自称对大自然变化了如指掌的小老鼠，也想见识一下中国的这部"自然日历"。那咱们就和这几只小老鼠一起，看看"二十四节气"有多么神奇、有趣吧。

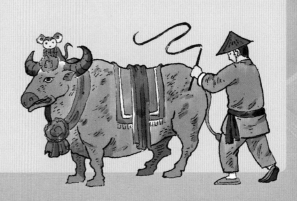

嘿！ 我叫竹竿，是一名气象鼠，也就是老鼠里的天气预报员。

我们老鼠哇，比人类要早出现 4000 多万年。在人们还不知道什么是四季时，我们就已经能提前感知季节更替、气候变化，甚至还能在地震、海啸、洪水等自然灾害发生前做出预判。

怎么样，我们老鼠厉害吧？

不过，中国的古人也是非常了不起的，在很早的时候就总结出了"二十四节气"，不仅能划分四季，还可以指导农民伯伯及时地进行各种农业生产活动。

你知道什么是"二十四节气"吗？

快点儿跟我一起来看看吧！

| 凰子 | 气象鼠 竹竿 | 干柴 | 冬瓜 | 肥肥 |

目录

立春

立春，时间在每年公历 2 月 4 日前后。"立"是开始的意思，我国习惯上以立春作为春天的开始。

立春三候

一候，东风解冻：东风送暖，大地开始解冻。

二候，蛰（zhé）虫始振：藏在地下冬眠的虫类慢慢苏醒。

三候，鱼陟（zhì）负冰：河里的冰开始融化，鱼儿开始到水面上游动。此时河面上的冰还没有完全融化，看起来就像鱼儿背着冰片游动一样。

风俗活动

驾！驾！

打春牛

古时，立春又叫"打春"，这与"打春牛"的风俗活动有关。因为整个冬天耕牛都没有下田耕作，变得懒散起来，所以为了唤醒冬闲的耕牛，以备春耕，同时又不伤害耕牛，农民伯伯通常会用泥土或纸等材料制作出一头春牛，并用鞭子鞭打它。

过春节

立春前后有我国最重要的传统节日——春节。春节是中华民族为迎接新一年到来而庆祝的盛大节日，通常从农历的腊月二十三开始准备，到正月十五左右结束。这期间，家家户户贴春联、包饺子、放鞭炮、走亲访友和给孩子压岁钱，以此来表达对新年的祝福。

古人将五天称为一候，三候为一个节气，于是一个节气又被称为"三候"。

不……不好意思，打扰了！

大家快来看哪！这块儿冰自己会动。

为什么每个节气又被称为"三候"哇？

雨 水

雨水，时间在每年公历2月19日前后。立春过后，天气转暖，雨水增多，所以称这个节气为雨水。

雨水三候

一候，獭（tǎ）祭鱼：水獭开始捕鱼，它们把捕获的鱼儿排列在岸边，好像要祭拜一番再享用。

二候，候雁北：成群的大雁从南方飞回北方。

三候，草木萌动：草木开始发芽，大地渐渐呈现出一片欣欣向荣的景象。

风俗活动

回娘家

在有些地区，出嫁的女儿要带上礼物在雨水这天回娘家，感谢父母的养育之恩。

拉保保

以前，在雨水这天民间有一项特别有趣的活动叫"拉保保"，拉保保就是找干爹的意思，而找干爹的目的是为了让儿女顺利健康成长，久而久之成为一方之俗。如果希望孩子长大后有知识，就拉一个文人认干爹；如果孩子身体瘦弱，就拉一个壮汉认干爹等等，据说这样能够把干爹的福气带给孩子。

惊蛰

惊蛰，即春雷惊醒蛰居的动物，时间在每年公历3月6日前后。农民伯伯常把它视为春耕的开始。

惊蛰三候

一候，桃始华：桃树开始开花，山野在花朵的点缀下格外美丽。

二候，鸧鹒鸣：田间到处都能听到鸧鹒（即黄鹂鸟）的叫声。

三候，鹰化为鸠（jiū）：蛰伏的鸠开始活跃，鸣叫于山林之间，而鹰却悄悄躲起来繁殖自己的后代，古人误以为惊蛰时出现的鸠是鹰变成的。

风俗活动

惊蛰时节龙抬头

惊蛰时节常常与农历二月初二的龙头节接近。民间传说，在这时理发会使人走红运，因此就有了"剃龙头"的习俗。

吃梨

惊蛰时节，天气比较干燥，容易使人口干舌燥，引发咳嗽。吃梨可以止咳化痰，滋润肺部，缓解天气变化引起的不适。

春分

　　春分，是春季的中分点，时间在每年公历 3 月 20 日或 21 日。这一天，太阳直射在赤道上，南北半球白天和夜晚的时间一样长，我国民间有"春分秋分，昼夜平分"的说法。

春分三候

　　一候，玄鸟至：燕子从南方飞回了北方。

　　二候，雷乃发声：下雨时会听到雷声。

　　三候，始电：下雨时会出现闪电。（闪电和雷声其实是同时发生的，但因为光速比声速快，所以我们会先看到闪电，后听到雷声。但是古人并不知道这些，所以才这样划分三候。）

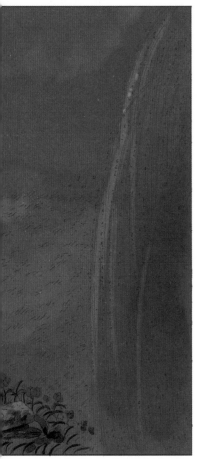

风俗活动

竖蛋

春分竖蛋(把鸡蛋立起来)是中国古代民间十分流行的一个游戏。"春分到,蛋儿俏",想要把鸡蛋竖起来,需选一个光滑匀称、刚生下四五天的新鲜鸡蛋,还要动作轻缓才行。现在,每到春分时节,世界各地都会有数千万的人进行竖蛋挑战。

放风筝

风筝,古代称之为木鸢(yuān)、纸鸢,相传为墨子最早创制,后经鲁班改造,最早被应用于军事中。隋唐后,风筝的军事用途逐渐转化为娱乐用途。现在,放风筝成为了一种常见的强身健体、休闲娱乐的活动。

清 明

　　清明，时间在每年公历 4 月 5 日前后。清明之后，天朗气清，百花盛开，整个大地的生物仿佛都活跃了起来。清明不仅是节气，也是中国人祭祀祖先、缅怀先人的传统节日。

清明三候

　　一候，桐始华：桐花是清明的节气之花，通常在清明时节开放。

　　二候，田鼠化为鴽（rú）：习惯了阴暗洞穴环境的田鼠纷纷回到地下躲了起来。此时，小鸟多了，古人误以为田鼠变成了小鸟。

　　三候，虹始见：清明时节多雨，空气清新，每当雨后放晴，天空中会出现美丽的彩虹。

风俗活动

踏青郊游

踏青郊游在古代称探春、寻春，就是指脚踏青草，在郊野游玩，观赏春色的意思。

祭祖扫墓

祭祖是中华民族传统习俗之一。清明时节，人们通过打扫祖先墓地、进献供品、跪拜等方式，表达对祖先的尊敬和怀念。

那些东西什么时候能吃呀？

我们老鼠的祖先是谁呢？

人类为什么要向我们跪拜？

他们跪拜的是他们的祖先，不是我们。

谷雨

谷雨，时间在每年公历 4 月 20 日前后。这是春季的最后一个节气，这时节气温回升加快，雨水持续增多，非常有利于谷物生长。

谷雨三候

一候，萍始生：由于谷雨节气降雨增多，浮萍开始生长。

二候，鸣鸠拂羽：布谷鸟"布谷布谷"地叫着，提醒农民伯伯赶紧播种。

三候，戴胜降于桑：桑树上可以见到戴胜鸟了。

风俗活动

吃香椿

北方有谷雨时节吃香椿的习俗。谷雨前后是香椿上市的时候，这时的香椿醇香爽口，营养价值很高。

喝谷雨茶

南方有谷雨时节摘茶、喝茶的习俗。传说谷雨这天摘的茶，有清火、健牙护齿、杀菌消毒等功效。所以谷雨这天不管是什么样的天气，人们都会去茶山摘一些新茶回来喝。

立夏

立夏，时间在每年公历5月6日前后，我国习惯上把立夏看作夏天的开始。这时节天气渐热，雷雨增多，植物开始进入快速生长阶段，农民伯伯也进入了繁忙时期。

立夏三候

一候，蝼蝈鸣：语出《礼记·月令》，郑玄注："蝼蝈，蛙也。"立夏节气过后，蛙一类的动物在田间、池塘边鸣叫、觅食。

二候，蚯蚓出：蚯蚓是一种喜欢生活在阴暗潮湿泥土中的动物。立夏时节，由于多雨，雨水灌入泥土，土里的空气被挤出，蚯蚓感到呼吸困难，就会爬到地面上来。这也是为什么我们雨后经常能见到许多蚯蚓的原因。

三候，王瓜生：王瓜是一种多年生攀缘草木，在立夏时节会快速攀爬生长。王瓜在没有成熟之前花纹与西瓜十分相似，所以人们常称它为"小西瓜"。

那叫王瓜，是一种药材。

这种植物叫什么呀？

风俗活动

立夏称人

我国民间有很多地区到了立夏时节，都会在午后称一下自己和孩子的体重。这是因为立夏之后便是炎夏，人会变得消瘦，体重减轻，人们认为这是不好的现象，所以会在立夏称人，以观察身体的变化。同时，立夏称人也具有祈福的意义，人们会在称重时说一些吉祥话，以祈求平安健康。

孟获称阿斗的故事

据说，诸葛亮临终前曾嘱托孟获，每年要来蜀国看望阿斗一次。由于他嘱托之日，正好是立夏之时，所以此后每年立夏，孟获都依诺来蜀看望阿斗。过了数年，晋武帝司马炎灭掉蜀国，掳走阿斗。孟获知道后，扬言如果司马炎敢亏待阿斗，就要起兵攻晋，而且他还不忘诸葛亮所托，每年立夏都会带兵去洛阳看望阿斗，每次去都要称一下阿斗的重量，看看他是否瘦了，以验证他是否被晋武帝亏待。晋武帝为避免战事，每年立夏这天，就命人用糯米加豌豆煮成香喷喷的饭给阿斗吃。阿斗见饭菜这么香，都要吃上几大碗。于是，每次孟获进城称人，阿斗都比去年重几斤。阿斗虽然没什么本领，但因有孟获立夏称人之举，晋武帝也不敢亏待他，所以他的日子过得很安乐。孟获称阿斗的故事虽然并不是史实，但立夏称人验胖瘦的行为逐渐在民间流传开来，并成为一种风俗，延续至今。

小满

　　小满，时间在每年公历5月21日前后。在南方，"满"通常被用来形容雨水的充沛程度。在北方，"满"是指谷物籽粒饱满，"小满"就是说谷物的籽粒已经开始饱满，但还没有完全成熟。此时人们已经迫不及待地想品尝麦籽，烤过的麦籽味道香甜，十分美味。

小满三候

　　一候，苦菜秀：苦菜是一种野菜，这时节苦菜已经长得很茂盛了，人们经常采来食用。

　　二候，靡（mí）草死：这个时候，田间喜阴的一些枝条细软的草类在强烈的阳光下开始枯死，因此"靡草死"也是小满节气气温升高的标志。

　　三候，麦秋至：这里的"秋"是指百谷成熟之时，这时夏麦可以收割了。

风俗活动

挖野菜

小满时节的野外，苦菜等野菜遍地都是，这时倘若你背着一个箩筐去采摘，往往能够满载而归。一些野菜吃起来十分爽口，营养也很丰富。

祭蚕神

古时，我国的农耕文化以"男耕女织"为典型特征，其中女织的原料北方以棉花为主，南方以蚕丝为主，蚕丝靠养蚕结茧抽丝得来，因此蚕茧的收成至关重要。相传，小满时节为蚕神的诞辰，人们为了祈求能有个好收成，常常会在这天祭祀蚕神。

芒种

芒种，时间在每年公历 6 月 6 日前后。"芒种"的意思可解释为"有芒的麦子快收，有芒的稻子可种"，所以也称"忙种"。忙收又忙种，农民伯伯们纷纷进入一年中最繁忙的时期。

风俗活动

打泥巴仗

贵州东南部一带，每年芒种前后有举办"打泥巴仗"的活动。当天，新婚夫妇由要好的青年男女陪同，一边插秧一边互扔泥巴。活动结束后，谁的身上泥巴最多，谁就是最受欢迎的人。

芒种三候

一候，螳螂生：螳螂，又称"刀螂"，是一种田间益虫，芒种时节也是螳螂宝宝出生的时候。

二候，鵙（jú）始鸣：鵙指伯劳鸟，是一种农林益鸟。芒种时节它会出现在枝头，开始鸣叫。

三候，反舌无声：反舌是一种叫声多变的鸟，因此又称"百舌"。春天是它鸣叫的活跃期，到了芒种时节，它因感应到气候的变化而停止鸣叫。

夏 至

夏至，时间在每年公历 6 月 21 日或 22 日。夏至日是北半球白昼最长、黑夜最短的一天，过了这一天，白天一天比一天短。夏至时节，全国大部分地区气温较高，雷雨频繁。

夏至三候

一候，鹿角解：夏至时节是鹿角自然脱落的时候，此后不久，鹿角会重新生长。

二候，蝉始鸣：夏至时节蝉开始躲在树上不停地鸣叫，成为盛夏的标志。

三候，半夏生：半夏是一种药草，夏至时节，这种植物开始出现在大众眼中。

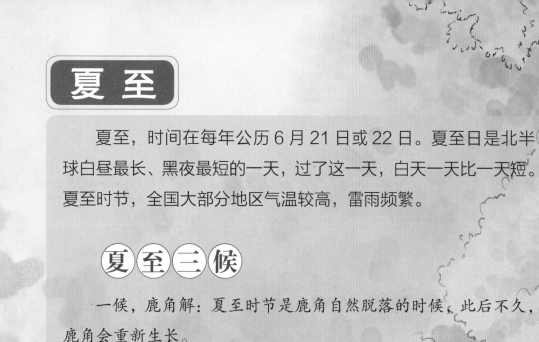

风俗活动

吃夏至面

自古以来，中国民间就有"冬至饺子夏至面"和"吃过夏至面，一天短一线"的说法。夏至虽不是夏天最热的时候，但预示着最炎热的时期即将到来。人们从夏至开始改变饮食习惯，以热量低、便于制作、清凉的食品为主，面条通常为大多家庭的首选。所以，夏至面也被叫作"入伏面"。此外，夏至时节，用于制作面食的小麦刚刚收获，吃夏至面也有尝鲜之意。

消夏避暑

在古代，民间有很多地方的人们会在夏至日互赠扇子等消夏避暑的物品。而在宫廷中，皇帝还会拿出冬藏夏用的冰块儿分发给有功劳的大臣。

小 暑

小暑，时间在每年公历 7 月 7 日前后。"暑"是热的意思，小暑就是有一点儿热。这时节，南方的梅雨季节即将结束，人们常说的"三伏天"快要开始了！

小暑三候

一候，温风至：小暑时节，大地上吹来的风不再是凉爽的，盛夏的热浪滚滚袭来。

二候，蟋蟀居壁：由于天气炎热，蟋蟀们离开田野，躲到庭院的墙角避暑。

三候，鹰始鸷（zhì）：老鹰因地表高温而选择在相对清凉的高空中活动。

风俗活动

晒伏

小暑时节，民间有晒书画、衣服的习俗。相传农历六月初六这天是龙宫晒龙袍的日子，宫里所有的东西都要拿出来晾晒一下，以达到去潮、去湿、防霉防蛀的目的。民间百姓听说后，也将家里的衣服、被子、书等物品拿出来晾晒，久而久之成为了一种习俗。

"伏"有隐藏的意思，天气太热了，宜藏在家里不出来。"三伏"是指一年当中最热的三四十天，通常在公历的七八月份。

啥是三伏？

煮麦仁汤给牛喝

天气炎热，动物也需要优待。在古代农耕社会，牛是最重要的生产工具，因此被看得十分重要。直到现在有些地区仍有在小暑时节煮麦仁汤给牛喝的习俗，据说牛喝了身子壮，能干活儿。

大暑

大暑，时间在每年公历 7 月 23 日前后，通常是一年当中最热的时节。这时天气不稳定，有时东边晴西边雨；有时上午还是艳阳高照，下午便大雨倾盆。大地上热气腾腾，非常闷热。此时节农作物生长速度最快，同时有些地区的旱涝灾害较为频繁。

大暑三候

一候，腐草为萤：萤火虫多在水边的草根上产卵，大暑时，萤火虫卵化而出，所以古人误认为萤火虫是腐草变成的。

二候，土润溽（rù）暑：天气闷热，土壤潮湿，整个大地好像一个巨大的蒸笼。

三候，大雨时行：雷雨天气在大暑时节时常出现。

专门晾制葡萄干的荫房

荫房是一种晾制葡萄干的特殊的房屋，它是用土坯叠砌的，墙上布满气孔。人们把新鲜的葡萄挂满整个荫房，之后把门关死，凭借从气孔吹进来干热的风将葡萄中的水分蒸发掉。三四十天以后，鲜葡萄就变成了葡萄干。

中国夏季最热的地方是哪儿？

中国夏季最热的地方是新疆的吐鲁番，那里最高气温曾达 49.6℃，人称"火洲"。因当地夏季地表温度多在 70℃以上，所以素有"沙窝里烤熟鸡蛋""石头上烤熟面饼"之说。

立秋

立秋，时间在每年公历8月8日前后，我国习惯上将立秋作为秋季的开始。这时节天气逐渐转凉，不过暑气并未尽散，有"秋老虎"之称。

立秋三候

一候，凉风至：刮风时人们会感觉到凉爽，此时的风已不同于暑天时的热风。

二候，白露降：清晨会有雾气产生。

三候，寒蝉鸣：感受到秋意的寒蝉开始鸣叫。

"秋老虎"是指秋天里的老虎吗？

不是，"秋老虎"是指立秋以后仍然十分炎热的天气。

寒蝉是什么蝉？和夏天里的蝉有什么区别吗？

好困哪！

寒蝉是蝉的一种，它与夏蝉的最大区别就是鸣叫的声音不同。夏蝉鸣叫声多嘹亮刺耳，寒蝉鸣叫声多低沉沙哑，所以古人常用寒蝉来表达哀伤情绪或悲凉气氛，例如成语寒蝉凄切等。

风俗活动

七夕乞巧

在古代，立秋前后该是女子纺线织布，准备制作寒衣的时候了，因此就形成了七夕乞巧的习俗。民间传说，七夕是牛郎与织女在鹊桥相会的日子。古时，姑娘们会在这天晚上祈求上天，让自己像织女一样心灵手巧。有的地方的青年男女还会陈列瓜果，遥拜牛郎和织女，以求爱情圆满。

晒秋

晒秋是一项典型的山村风俗活动。由于山区地势复杂，平地极少，生活在那里的村民只好利用房前屋后及自家窗台、屋顶晾晒农作物，久而久之就演变成一种传统的风俗。

处 暑

处暑，时间在每年公历 8 月 23 日前后，"处"是终止的意思，处暑表示暑气结束了。这时节气温急剧下降，气候转凉。

处暑三候

一候，鹰乃祭鸟：老鹰开始大量捕猎，并把捕到的猎物摆放在地上，就像祭祀一样。

二候，天地始肃：天地间万物开始凋零。

三候，禾乃登："禾"是黍（shǔ）、稷（jì）、稻、粱类农作物的总称，"登"是成熟的意思，连在一起便是开始秋收。

风俗活动

中元节祭祖

农历七月十五中元节正处于处暑时节，中元节俗称"鬼节"，是祭祖的日子。传说，这天地狱大门打开，亡灵会回到人间，因此，古时候人们在这天常常会焚烧纸钱，摆上供品祭祀祖先。现在人们多通过献花、扫墓、诵读祭文等方式表达哀思。

中元节放河灯

河灯也叫"荷花灯"，人们一般会在底座放上灯盏或蜡烛，中元夜时将河灯放在江河湖海之中，任其漂流。古时传说放河灯主要是为了普渡水中的亡灵，时至今日，人们放河灯多是为了祭奠逝去的亲人，寄托美好的祝愿。

白露

白露，时间在每年公历9月8日前后。由于这时节昼夜温差较大，水汽往往在草叶上凝结成水珠，形成露水，故称白露。

白露三候

一候，鸿雁来：天气转凉，鸿雁等候鸟感受到气温的变化，开始向南飞。

二候，玄鸟归：燕子启程向南方飞去。

三候，群鸟养羞：各种鸟类开始储藏粮食，准备迎接冬天的到来。

风俗活动

打枣
白露时节，泛红的大枣变得诱人。孩子们常常会从家中取一根竹竿轻轻地敲打枝叶，摔下来的大枣大都香甜可口。此时的大枣也成为很多小动物过冬的食物。

采棉花
白露时节，吐絮期的棉花可以采摘了。采棉花的人把装棉花的包带在身上，将棉壳里的棉花一一摘下放进包里。等把棉花都摘完，就将它们运往收购站。棉花经过加工后，可以做成各式各样的衣服、被子等物品。

秋分

秋分，时间在每年公历 9 月 23 日前后，为秋季的中分点。秋分与春分一样，南北半球这天也是白天和夜晚一样长。过了这一天，北半球的白天会越来越短，夜晚会越来越长。秋分时节，东北地区的农民伯伯正在抢收农作物，而华北地区的农民伯伯则忙于播种冬小麦。

秋分三候

一候，雷始收声：秋分之后，雷声和闪电渐渐消失了。

二候，蛰虫坯（pī）户：由于天气变冷，蛰居的虫子开始钻进洞里，并用细土将洞口堵住，以防止寒气侵入。

三候，水始涸（hé）：在北方，由于雨量减少，天气干燥，一些沼泽及水洼处逐渐干涸了。

风俗活动

秋分祭月

秋分曾是传统的"祭月节"，古有"春祭日，秋祭月"之说，中秋节就是由"祭月节"演变而来的。由于秋分在农历八月里的日子并不固定，所以不一定有圆月，而祭月无圆月则大煞风景，因此后人便将"祭月节"由秋分改到了农历八月十五。

吃螃蟹，赏桂花

秋分时，桂花飘香，蟹膏肥美，正是人们观赏桂花、品尝螃蟹的好时候。

寒 露

寒露，时间在每年公历 10 月 8 日前后。与白露相比，寒露时节气温更低，是气候从凉爽到寒冷的过渡期。

寒露三候

一候，鸿雁来宾：鸿雁大多数都飞往了南方。

二候，雀入大水为蛤：雀鸟不见了，海边出现许多蛤蜊（gé lí），古人看到它们的颜色和条纹与雀鸟的很像，便以为它们是雀鸟变成的。

三候，菊有黄华：耐寒的菊花开放了。

风俗活动

观红叶

寒露时节，持续的降温催红了很多地方的枫叶。漫山红叶如霞似锦，令人陶醉。寒露上山观红叶，成为了各地常见的活动。

秋钓边

寒露时节余热已退，阳光明媚的时候，非常适合出游，人们纷纷外出赏菊花、登高或钓鱼。因寒露时节气温下降，鱼儿会游向较暖和的浅水区，这时人们在河岸边钓鱼会收获颇丰，所以有了"秋钓边"的说法。

霜 降

　　霜降，时间在每年公历 10 月 23 日或 24 日。霜是近地面空气中所含的水汽遇冷凝结成的白色冰晶。霜降表示天气变得寒冷，大地出现初霜的现象。

霜降三候

　　一候，豺乃祭兽：豺狼将捕获的猎物先摆放在地上，仿佛祭祀一样，然后再食用。

　　二候，草木黄落：大树的叶子枯黄掉落。

　　三候，蛰虫咸俯：蛰居的昆虫在洞中不动不食，进入冬眠状态。

风俗活动

吃柿子

在霜降时节，我国一些地方有摘柿子、吃柿子的风俗。因为霜降时节的柿子个儿大、皮薄、汁甜，营养价值还很高。

习战射

常言道"霜降杀百草"，初霜对植物的危害很大，因此古人常常视霜为杀伐的象征。为顺应霜降的肃杀之气，古人往往会在这个时节操练兵马或外出打猎，其中有不少练兵阵、比射箭等活动。

立冬

立冬，时间在每年公历 11 月 7 日或 8 日，我国习惯上把立冬看作是冬季的开始。

立冬三候

一候，水始冰：水开始结冰了。

二候，地始冻：土地开始冻结。

三候，雉（zhì）入大水为蜃（shèn）：雉指的是野鸡一类的大鸟，蜃指的是大蛤蜊。立冬后，野鸡一类的大鸟已经不多见了，而海边却可以看到条纹、颜色与野鸡很像的大蛤蜊，因此古人便以为雉到了立冬后就变成了大蛤蜊。

风俗活动

迎冬

古时到了立冬这日，皇帝会率领群臣到郊外祭祀，行立冬礼，迎接冬季的到来。祭祀过后，皇帝还会赐给群臣冬衣以过冬。

储藏蔬菜

曾经，冬季是水果、蔬菜等食物匮乏的季节。在北方一些地区，整个冬季差不多只能吃到三种蔬菜，即萝卜、红薯和白菜。古时没有先进的保鲜和防冻技术，人们为了保存这仅有的蔬菜，常常把它们放进地窖里。

小雪

小雪，时间在每年公历 11 月 22 日或 23 日，表示冬季降雪的开始。此时节我国北方气温逐步降到零下。

小雪三候

一候，虹藏不见：由于气温下降，北方地区开始下雪，因此天气放晴后看不到彩虹，彩虹就像藏起来一样。

二候，天气升地气降：这体现了古人的阴阳观念，即天为阳，地为阴，阳气上升阴气下降，阴阳不再相交，万物没有了生机。

三候，闭塞成冬：天地闭塞而转入寒冷的冬天。

风俗活动

腌制蔬菜

以前人们没有良好的食物存储条件，为了在漫长的冬季中有足够的蔬菜食用，人们发明了腌制食物的技术，将蔬菜（主要是白菜、萝卜）进行腌制，尽可能地延长它们的存储时间，以备过冬时食用。

酿酒

古时酿酒多在小雪前后。这个时期秋收已经结束，存粮相对充足。而且小雪时，井水极其清澈，足以与雪水相媲美。同时，在古代社会，饮酒除了有娱乐、暖身作用之外，很多时候还是祭祀仪式的一部分，属于礼的范畴。时至岁末，正是各种祭祀活动的高峰期，对酒的需求量也就很大了。

大雪

大雪，时间在每年公历 12 月 7 日前后，这个节气的到来意味着天气会越来越冷，黄河流域降雪开始增大，次数增多，并有短时的地面积雪。

大雪三候

一候，鹖鴠（hé dàn）不鸣：天气寒冷，鸟类没有了踪影，就连最爱鸣叫的寒号鸟（即鹖鴠）也不叫了。寒号鸟学名复齿鼯（wú）鼠，它白天待在巢里，黄昏或夜间外出活动，可从高处向低处滑翔。民间故事说因其怕冷，日夜不停地号叫，故被称为"寒号鸟"。

二候，虎始交：老虎在大雪时节开始求偶。

三候，荔挺出：荔挺是一种兰草，与蒲草相似但更小，在大雪时节开始抽出新芽。

啊，还有只会飞的！

快看，那边有老鼠。

那不是老鼠，是鼯鼠。

啊！会飞的老鼠哇！

冰雪活动

大雪时节，我国东北地区由于天气寒冷再加上降雪量大，因此地面形成了厚厚的积雪，呈现出银装素裹的景象。小孩儿看到这美丽的一幕，都忍不住出去玩耍，像打雪仗、堆雪人、滑雪等，都是这个时候常见的娱乐活动。

冬 至

    冬至，时间在每年公历 12 月 22 日前后。这一天是北半球一年当中黑夜最长、白天最短的一天，过了冬至这日，白天会一天天变长。

冬 至 三 候

一候，蚯蚓结：蚯蚓蜷缩着身体，如同打了一个结。

二候，麋（mí）角解：麋与鹿是同科，但却是两种不同的动物。每年冬至时节，麋的角会自然脱落。

三候，水泉动：冬至时节，山中的泉水开始流动，甚至有些泉水还是温热的。

风俗活动

吃饺子

冬至时，我国北方地区有吃饺子的习俗，民间有这样的传说："冬至吃饺子，耳朵不会被冻伤，因为饺子的形状和耳朵的很像，吃啥就补啥。"

画九九消寒图

九九消寒图是我国古代劳动人民发明的一种别致日历，形式多种多样。其中梅花版的消寒图，是人们从冬至这天开始，每过一天就为一朵梅花的花瓣涂上颜色，涂完一朵梅花，就过了一个"九天"，涂完九朵，冬天就过去了。

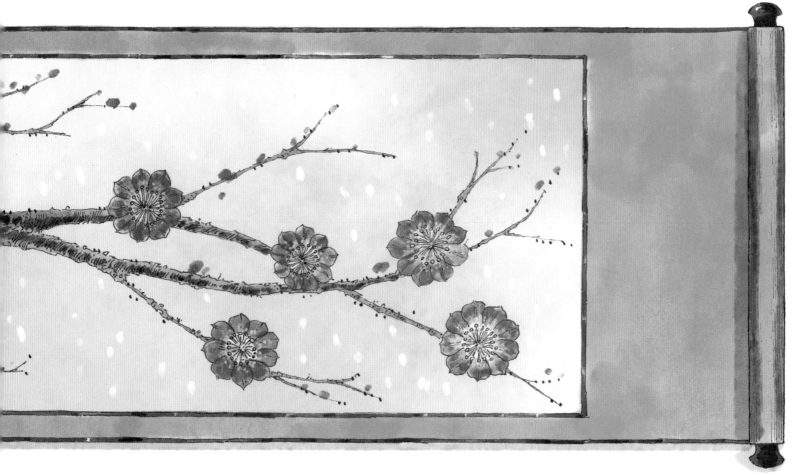

小 寒

　　小寒，时间在每年公历 1 月 6 日前后。尽管是小寒，但这时温度已经变得很低，不亚于大寒时节。

小 寒 三 候

　　一候，雁北乡：大雁感受到北方的暖意即将来临，准备飞回北方。

　　二候，鹊始巢：喜鹊开始在树上筑巢了。

　　三候，雉始雊（gòu）：雉俗称"野鸡"，"雊"是鸣叫的意思。雉始雊，就是指野鸡开始鸣叫。

中国最冷的地方是哪儿?

中国最冷的地方是黑龙江省漠河县的北极村。这里冬季平均气温在零下 30℃以下，曾出现过零下 52.3℃的极端最低温。据说，这里的人端着一盆热水到外面，将热水往空中抛洒，可瞬间化为"白雾"；刚煮好的饺子拿到外面，立马成速冻饺子；拿着一瓶矿泉水喝着喝着，水瓶里的水就能冻成了冰块儿。

啊！滑雪实在太好玩了！

哎哟！谁……谁来救救我。

咦，竹竿他们都去哪儿了？

大寒

大寒，时间在每年公历 1 月 20 日或 21 日，是二十四节气中最后一个节气，通常被认为是中国大部分地区一年中最寒冷的时期。大寒之后就是立春，新一年的节气轮回又开始了。

大寒三候

一候，鸡始乳：可以开始孵小鸡了。

二候，征鸟厉疾：征鸟指鹰隼（sǔn）之类的飞鸟，厉疾是迅速而猛烈之意。征鸟厉疾的意思就是鹰隼之类的飞鸟盘旋于空中猎食，以补充能量抵御严寒。

三候，水泽腹坚：俗话说"三九四九冰上走"，这时节，河的中心都结了一层厚厚的冰。

风俗活动

办年货

大寒时节临近春节，到了这时，尽管天气很冷，但人们还是纷纷走出家门，置办年货。

尾牙祭

尾牙源自拜土地公做"牙"的风俗。农历二月初二为最初的做牙，叫作"头牙"，之后每逢初二和十六都要做牙，农历十二月十六日是最后一个做牙，所以叫"尾牙"。这一天老板要设宴，宴席上不可缺少的一道菜是白斩鸡。据说白斩鸡的鸡头朝向谁，就表示老板第二年要解雇谁。因此，老板们特意将鸡头朝向自己，以便让员工们能放心地享用美食，回家后也能过个安稳年。

我想知道更多

什么是二十四节气?

二十四节气是我们的祖先在和大自然相处的过程中,对一些自然现象和规律的总结。古人按季节、气候、降雨等状况的不同将一年划分为二十四个部分,故称二十四节气。

古人为什么要发明二十四节气?

中国是一个农业大国,在古代,由于生产力低下,生产技术落后,看天吃饭成为当时农业生产的主态,为了帮助农事活动,智慧的古代劳动人民发明了二十四节气。

二十四节气更适用于哪些地区?

我国幅员辽阔,南北方气候差异明显,农作物也不尽相同。二十四节气是古代处于政治活动中心的黄河流域的劳动人民总结出来的,所以更适用于黄河流域地区,由于地域及气候的差异,我国东北及西南等地区不能完全按照二十四节气进行农事活动哟。

七言节气诗

地球绕着太阳转，绕完一圈是一年。一年分成十二月，二十四节紧相连。

按照公历来推算，每月两气不改变。上半年是六、廿一，下半年逢八、廿三。

这些就是交节日，有差不过一两天。二十四节有先后，下列口诀记心间：

一月小寒接大寒，二月立春雨水连；惊蛰春分在三月，清明谷雨四月天；

五月立夏和小满，六月芒种夏至连；七月小暑和大暑，立秋处暑八月间；

九月白露接秋分，寒露霜降十月全；立冬小雪十一月，大雪冬至迎新年。

抓紧季节忙生产，种收及时保丰年。

二十四节气的历史

远在春秋时期，就已经确立了春分、夏至、秋分、冬至4个基本节气。到了战国末期，人们又在春分－夏至－秋分－冬至－春分之间各增加一个节气，分别是立夏、立秋、立冬和立春，于是节气发展到8个。到了西汉时期，刘安的《淮南子·天文》中已有完整的二十四节气的最早记载。汉武帝时期实施的《太初历》首次将"二十四节气"订入历法。

二十四节气为什么被认为和中国古代的"四大发明"同等重要？

二十四节气虽然是我国古代劳动人民根据黄河流域的气候和物候总结制订的，但并非只适用于中国。二十四节气后来流传到国外，与中国黄河流域地理纬度相近、同属东亚季风气候区的日本、朝鲜、韩国等国家也开始使用二十四节气。2016年11月30日，由中国申报的"二十四节气"被正式列入联合国教科文组织《人类非物质文化遗产代表作名录》，世界人民都了解到了中国古代人民的伟大智慧。

 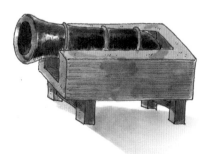  

图书在版编目（CIP）数据

呀！五鼠闹二十四节气/恐龙小Q少儿科普馆主编;陈和伟文;弍丈图.—长春:吉林美术出版社，2021.1（2021.10重印）

ISBN 978-7-5575-5507-8

Ⅰ．①呀… Ⅱ．①恐… ②陈… ③弍… Ⅲ．①二十四节气–少儿读物 Ⅳ．①P462-49

中国版本图书馆CIP数据核字(2020)第077829号

YA! WU SHU NAO ERSHISIJIEQI

呀！五鼠闹二十四节气

作　　者	恐龙小Q少儿科普馆 主编　　陈和伟 文　弍丈 图
出 版 人	赵国强
责任编辑	邱婷婷
封面设计	王娇龙
开　　本	710mm×1000mm　　1/8
字　　数	120千字
印　　张	8
版　　次	2021年1月第1版
印　　次	2021年10月第2次印刷

出版发行	吉林美术出版社
地　　址	长春市净月开发区福祉大路5788号
邮政编码	130018
网　　址	www.jlmspress.com
印　　刷	北京天恒嘉业印刷有限公司

ISBN 978-7-5575-5507-8　　　　　　定价：78.00元